畫出暖心手感
我的第一堂
iPad 人物電繪課

序

　　我一直記得在大學人物素描課上，教授告訴我們：「在把人物畫得像本人之前，先把它畫得像個人。」

　　繪畫的學習總是從臨摹真實物品開始，如果想知道蘋果怎麼畫，最直接的方式就是找來一顆蘋果，看著它畫上十次、百次。接著再多找幾顆不同品種的蘋果、被咬一口的蘋果、只剩下果核的蘋果，繼續畫，直到蘋果的樣子深深烙印在腦海中。這時，我們不再需要看著任何東西也能憑空畫出一顆蘋果。

　　同時你也會發現，即使不將蘋果上的紋路細節全部畫出來、即使畫的輪廓形狀與實際的蘋果有些不同，我們還是能辨識出這張圖是一顆蘋果。那是因為我們在不停練習的過程中，觀察到了蘋果的重點特徵，並且知道要如何用畫筆將這些特徵描繪出來。

　　在畫人物時也是一樣的，明明每個人的五官、膚色、髮型、體型都不一樣，但只要看到「ツ」我們就知道這是一張笑臉，看到「orz」就能辨識出這是一個人跪著的姿勢。先透過Q版、卡通版的人物畫來認識人臉、人體的構造及比例，再循序漸進畫出更接近真實比例的人物，直到掌握了人的所有重點特徵之後，就能隨心所欲地畫出各種造型、動作的人物畫了。

Chapter 1　Procreate 入門

Lesson 1　工具及介面介紹　　　　　　　　　　9

Lesson 2　筆刷介紹　　　　　　　　　　20

Lesson 3　暖身練習　　　　　　　　　　25

Lesson 4　畫畫心法　　　　　　　　　　27

Chapter 2　肖像

Lesson 5　從笑臉到 Q 版臉　　　　　　　　30

　　5-1　基本 Q 版臉　　　　　　　　31

　　5-2　簡單的上色　　　　　　　　33

　　　　各種 Q 版表情示範　　　　　　　　35

　　　　Q 版頭像示範　　　　　　　　36

Lesson 6　Q 版頭像與髮型　　　　　　　　37

　　6-1　短髮女生　　　　　　　　38

　　6-2　捲髮包頭女生　　　　　　　　40

　　6-3　大波浪長髮女生　　　　　　　　42

　　6-4　長髮挑染女生　　　　　　　　44

　　6-5　中分男生　　　　　　　　47

　　6-6　短髮男生　　　　　　　　49

　　6-7　西裝頭男生　　　　　　　　51

Lesson 7　寫實五官　　　　　　　　53

　　7-1　單眼　　　　　　　　54

　　7-2　雙眼　　　　　　　　57

　　　　各種表情的眼睛重點　　　　　　　　60

7-3 鼻子側 45 度   61

7-4 鼻子正面   63

畫鼻子的重點   65

7-5 放鬆微笑   66

7-6 露齒微笑   68

畫嘴唇的重點   70

7-7 耳朵   71

畫耳朵的重點   73

Lesson 8   **寫實頭像**   74

8-1 斜側臉女生   75

8-2 正面女生   79

8-3 大馬尾女生   83

8-4 短髮男生   87

8-5 戴眼鏡男生   90

8-6 嬰兒   93

8-7 老人   97

Lesson 9   **速寫練習**   100

Chapter 3   全身

Lesson 10   **火柴人到Q版全身**   108

10-1 正面站姿   109

10-2 側身   112

10-3 側躺   114

10-4 蹲姿   116

Lesson 11   **骨架肌肉**   118

11-1 男性   119

11-2 女性   123

Lesson 12　**手腳**　　127

　　12-1　放鬆的手　　128

　　12-2　拿筆的手　　131

　　12-3　腳　　134

Lesson 13　**細膩的全身畫像**　　138

　　13-1　成人全身　　141

　　13-2　兒童全身比例　　147

　　13-3　示範　　148

Chapter 4　進階練習

Lesson 14　**光影**　　158

　　14-1　黑白素描與上色　　159

　　14-2　外加光影　　165

　　14-3　外來光源練習　　168

Lesson 15　**質感練習**　　177

　　15-1　服裝質感——毛帽、牛仔褲、皮革包　　178

　　15-2　服裝質感——絲質襯衫、漆皮鞋　　181

　　15-3　善用筆刷做出不同質感　　183

Lesson 16　**背景與上色**　　184

　　16-1　簡單背景與厚塗上色　　185

　　16-2　水彩上色效果　　189

　　16-3　描圖練習　　192

Chapter 5　示範

200

Chapter 1
Procreate
入門

有一組好用的工具可以讓畫圖的效率更好！
但工具不是一切，只要掌握了畫圖的技巧，
以後不論用什麼樣的工具或是媒材
都可以創作出很棒的作品。

本篇要先帶大家認識 Procreate 這個繪圖軟體，
以及介紹它的基本功能。

Lesson 1

工具及介面介紹

在開始畫畫前,先來看看我們需要的工具吧!

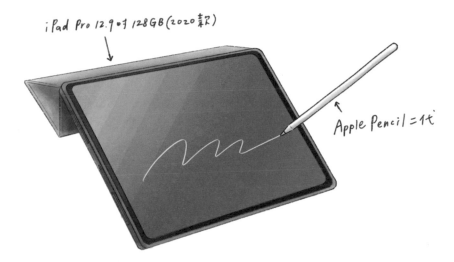

iPad Pro 12.9吋 128GB (2020款)

Apple Pencil 二代

我現在用的是 iPad Pro 12.9 吋 128GB(2020 年款),搭配 Apple Pencil 第二代。

它們都沒有貼任何保護膜或筆套,如果覺得裸機太滑可以另外找相關輔助產品。

軟體 Procreate

版本 Version 5X

Note

- Procreate 可於 Apple 的 App Store 購買下載,不過目前 Procreate 只有支援 iPad,iPhone 上的 Procreate Pocket 則是簡易版本,功能較少。
- 如果使用其他的硬體或軟體,仍可以從本書中學習到一些電繪的概念,但可能因功能不同導致學習效果較差。

工具及 app 都準備好後，首先來認識 Procreate 的基本操作及前置作業。

1　開啟 Procreate 後會看到這個畫面，點選右上方的「＋」即可新增畫布。

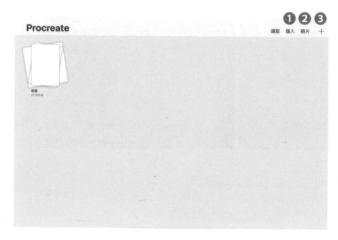

❶ 匯入：可以匯入 iCloud、Google Drive 中的各種影像檔案。

❷ 照片：快速匯入 iPad 裡的照片。

❸ ＋：新增空白畫布，可以自訂尺寸等設定值。

2　如果內建的尺寸不符合需求，可以點選右上黑色的「 ■ 」來自訂畫布。

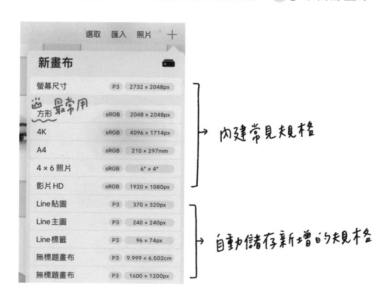

3　自訂畫布第一個要設定的是尺寸，印刷用的圖可以用公釐、公分、英吋作為單位。螢幕用的圖則選擇畫素為單位。

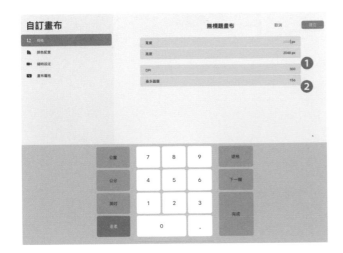

Note

❶ DPI 是解析度的意思，數字代表的是每英吋中有幾個像素點，數字越高圖檔越細緻，一般常用為 300 DPI。

❷ DPI 數字越大，檔案大小就會越大，因此可用圖層數量就會越少。

4　接下來要設定的是色彩，有 RGB 及 CMYK 兩種，不管選哪一個，下方都選擇第一個選項即可。選好後就可以點選右上 [建立] 開始囉！

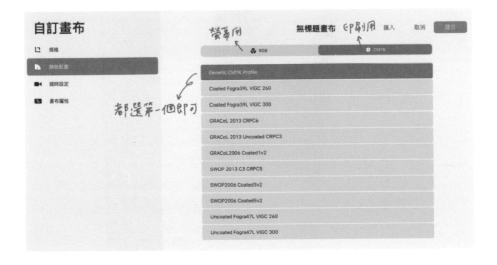

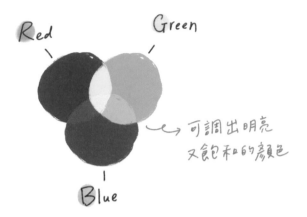

RGB：

RGB 為光的三原色，也是螢幕用色，色域廣，可以調出明亮又飽和的顏色。

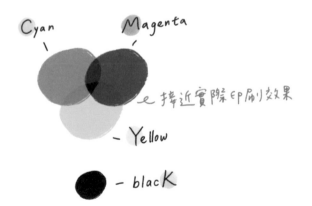

CMYK：

CMYK 為一般印刷用的四個油墨色，顏色只會越疊越深，色域較 RGB 窄，較難表現出又淺又飽和的顏色。
不過使用 CMYK 畫圖可以確保印刷效果不會與螢幕相差太多，如果想先用 RGB 完成漂亮的圖稿，印刷時再轉檔也是可以的。

繪圖介面

　　建立好畫布後，就可以看到畫圖的介面。Procreate 功能非常豐富，
我們將分成主要繪圖區、筆刷調整區、效果調整區及操作四個部分來介紹。

主要繪圖區

① 繪圖筆刷庫
　　畫線條及上色。

② 塗抹筆刷庫
　　用於渲染、結合不同色彩。

③ 擦除筆刷庫
　　可以用來擦除畫錯或欲去除顏色的部分。

❶ ❷ ❸ 點開後可以看到內建有非常
豐富的筆刷，右邊是一些我常用的繪
圖筆刷以及使用場合，提供給大家參
考。下一節會針對筆刷做更詳細的介
紹。大家自己也可以多試試看不同筆
刷，有許多特殊有趣的效果等著你發
掘喔！

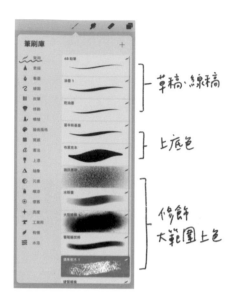

❹ 圖層

可以新增、移動、刪除圖層以及調整圖層透明度，也能幫特定圖層套上效果。
點選圖層左側圖片處可以開啟更多設定選項。點選右側的「N」則可以開啟圖層
效果選項。點選最右側的「✓」可將圖層關閉，再點一次即可打開。

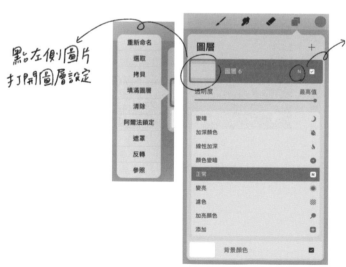

Note

圖層操作手勢

- 往左滑：上鎖、複製、
  刪除
- 往右滑：選取多個圖層
- 長按拖移：移動順序
- 將鄰近圖層捏合：合併
  圖層

⑤ 顏色

可以看到裡面有幾種選色模式，選一款用起來最順手的即可。

最常用

可看對比色、互補色

可輸入數值

把常用色存起來

筆刷調整區

❶ 筆刷尺寸
上下調整拉桿可改變筆刷粗細。

❷ 吸取顏色
點選吸取顏色後即可從畫作上選取顏色。

❸ 筆刷透明度
上下調整拉桿可改變筆刷透明度。

❹ 還原、重做
點選上方還原取消上一個操作，點選下方重做可再復原。

效果調整區

❶   ❷   ❸

❶ **調整**
　主要是在圖案畫好之後，
　用來製作更豐富的效果
　（見右圖）。

❷ **選取**
　可用來選取圖像中的一
　部分。

❸ **變換變形**
　移動、縮放、變形等圖
　像編輯功能。

❶ ❷ ❸ 這三個功能較為進
階，適合有一定基礎的人再
挑戰使用。大家可以先熟悉
前面的功能後再來使用，這
邊就先不多加説明囉！

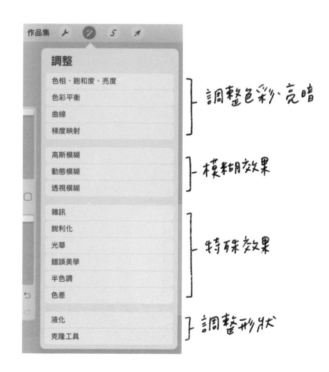

操作

畫作進行中要添加圖片、文字或完成後匯出，以及介面、手勢偏
好調整等都可以從這裡進行。

作品完成後，點選分享，即可輸出成多種格式，分別應用在不同的用途。

分享圖像

❶ Procreate：只有 Procreate 可以開啟的原檔，保存所有設定值，檔案較大。

❷ PSD：Procreate、Photoshop 都可以開啟的原檔，保留圖層及圖層屬性，但是用不同軟體開啟時，顏色及圖層效果可能會有微小的差異。

❸ PDF：高保真平面圖檔，可以用於印刷，或使用 Photoshop、Illustrator 等軟體開啟編輯。

❹ JPEG：最廣泛使用的平面圖檔，適合用於社群、網頁等。

❺ PNG：可以保留圖像透明度的平面圖檔。

❻ TIFF：高保真平面圖檔，與 PDF 一樣可以用許多繪圖軟體開啟，若要用於精細的微噴印刷可以存 TIFF 檔。

分享圖層

❼ PDF：將每個圖層分別存成一個多頁 PDF 檔。

❽ PNG：將每個圖層各別存成一個 PNG 檔，多用於逐格動畫輸出。

❾ 動畫 GIF、動畫 PNG、動畫 MP4、動畫 HEVC：皆為動畫檔案，可視需求選擇檔案類型。

基本功能說明完後，這邊介紹一個雙畫面功能，
需要參照圖片或是上傳檔案的時候相當快速方便喔！

1 先將 Procreate 及照片 app 放置到 iPad 桌面下方的 dock 裡面。

2 打開其中一個 app，再
向上輕滑喚出 dock，
把另一個 app 拖移到
螢幕另一側，即可以
開啟雙畫面。
需要對照參考圖片時
會非常方便唷！

5 也可以將照片 app 換成 Google Drive，拉成雙畫面之後直接從 Procreate 拖曳作品檔案到 Google Drive，即可快速將原檔上傳至雲端。

建議在 Procreate 完成作品之後盡快備份，以免在 app 或 ios 更新之後出現檔案毀損的情形。

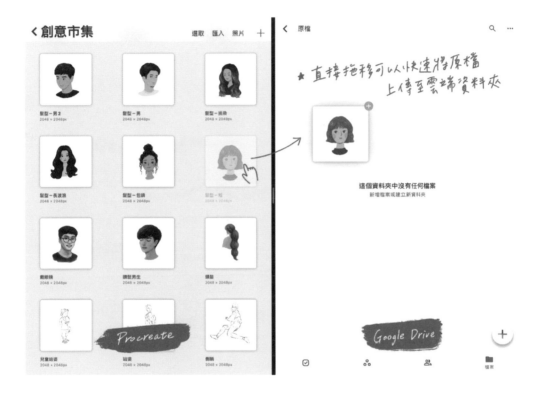

Note

這一課簡單介紹了 Procreate 最基礎、最常用的功能操作，讓大家可以用這些功能完成本書的畫作練習。如果想了解更進階的操作或是其他特殊功能，可以參考 Procreate 官方網站的操作手冊喔！

Lesson 2

筆刷介紹

Procreate 有非常豐富的內建筆刷庫，可以先花點時間把每個筆刷效果都試一遍，
找出幾個自己用起來最順手的。

以下幾種是我自己常用的筆刷，以及他們畫出來的效果。

不過因為 app 版本關係，可能會找不到一模一樣的筆刷，所以還是建議多嘗試每一
種筆刷的效果喔！

6B 鉛筆

可以在不調整筆刷尺寸、透明度的情況下，做出非常豐富的粗細濃淡效果，我喜歡在草稿階段使用，就不需要一直擦除畫錯的筆跡。

6B鉛筆－適合打草稿、素描效果

葡萄藤炭條

可以畫出接近蠟筆的效果。

葡萄藤炭條－細部暈染

布萊克本

這個是我少數喜歡用的完全不透明筆刷，它的特色是不會因為調整筆刷大小，而破壞了筆刷的特色，是個可大可小的萬用筆刷。

布萊克本－隨性的厚塗筆觸

乾油墨

有很自然的不規則邊緣，用來畫線條不
會過於單調，很適合畫以線條為主的作
品。

水粉畫

我覺得水粉畫比內建的水彩筆刷更接近水
彩的效果，可以畫出很清透的水彩畫面。

德溫特、Flat Marker

這兩個筆刷是我近期滿喜歡的筆刷，它們
可以畫出又細又自然的線條感。

大型噴頭

適合畫大面積的色塊，例如天空、牆面等。

雜訊筆刷

我常用雜訊筆刷來畫大範圍的亮暗面，在畫出立體感的同時又能讓圖案有顆粒感，增添畫面豐富度。

燒焦樹木

在最上方圖層用燒焦樹木筆刷，選不同深淺的灰色疊加，再把圖層效果選【加深顏色】，就可以模仿出水彩紙的紋理。

付費筆刷

除了內建筆刷之外，也可以嘗試自己製作筆刷或直接購買其他人製作的喔！
下方這張圖就是我用另外購買的水彩筆刷繪製而成的。
（Realistic Procreate Watercolor Kit by KJ watercolor studio）

接下來的教學示範會標記建議筆刷的編號，大家可以按照編號對應筆刷來練
習喔！

\1 6B 鉛筆	\2 葡萄藤炭條
\3 布萊克本	\4 乾油墨
\5 水粉畫	\6 德溫特

Lesson 3

暖身練習

大致了解筆刷及各個功能後，以下還有幾個操作技巧提供給大家，
相信熟悉之後實際畫起來將更加得心應手喔！

手勢輔助

Procreate 有許多方便的輔助手勢，詳細內容可以在【操作】→【偏好設定】→【手勢控制】查看及編輯。

這邊是幾個我有特別設定的手勢：

- 取色滴管：輕點 ▢、輕點 ▢ + Apple Pencil
- 速選功能表：四指點按
- 圖層選擇：輕點並按住
- 速創形狀：畫畫並按住
- 拷貝＆貼上：三指滑動
- 一般：禁用按鍵行動、捏縮手勢以旋轉

速創形狀

設定完手勢後，跟著下方的指示練習看看速創形狀吧！

畫一條線後不要放開，
會自動變直線

變直線後用手指按住螢幕
會變 0°、45°、90° 直線

畫圓後不要放開

按住螢幕變正圓

還有方形

變正方形

試試弧線

畫圖工具準備 ok，暖身練習 ok，
正式開始創作之前也把心情準備好吧！

Lesson 4

畫畫心法

風格選擇

一邊跟著本書練習的同時，也要一邊思考自己喜歡的風格是哪一種，畫自己喜歡的圖，才能長長久久地畫下去。

至於如何找尋自己喜歡的風格，最簡單的方式就是在 IG 或 FB 等社群瀏覽國內外創作者的作品。

在看到喜歡的作品時，可以花一點點時間分析為什麼自己會喜歡它。是因為色彩？筆觸？還是人物表情？這些思考都有助於畫圖的進步。

循序漸進

不論今天有多少空閒時間，都可以畫一張練習圖，養成畫畫的習慣，維持手感才能繼續吸收更多技巧。

舒適的環境

準備好一個舒適的畫圖環境，讓我們一起開始練習畫人物吧！

Chapter 2

肖像

Lesson 5

從笑臉到 Q 版臉

在開始畫寫實的肖像之前,先練習一下 Q 版的畫法
來暖身,熟悉一下臉部的構造。

基本 Q 版臉

線 稿

Step 1

先忘記所有你曾學過的繪畫技巧，用最直覺的方式畫出一張臉。

Step 2

將目前所在的圖層1透明度調低，上方新增圖層2，試著把臉部及五官畫端正。

Step 3

在上方再新增一個輔助線圖層3，畫一條通過臉部正中間的垂直輔助線，以及分別通過耳朵上方及下方的兩條水平輔助線。

Step 4

於圖層2及圖層3中間新增一個圖層4，再描一次，這次試著加入一點點的細節，像是眼睛的反光及耳朵內部的線條，頭髮也可以塗滿一些。

完成！

上色

Step 5

將圖層4以外的圖層都關閉，在下方新增圖層5，用粉紅色畫上腮紅，鼻頭、嘴唇、耳朵內側、下巴、眼皮這幾個地方也稍微畫一點顏色。

這樣一個最基本的Q版肖像就完成了！

5-2

簡單的上色

線稿

上色

Step 1　

接下來我們可以跳過前面畫臉的步驟，用皮膚色直接框出輪廓。

Step 2　

將臉部塗滿皮膚色。

Step 3　

接著換咖啡色，將頭髮塗滿。

Note

如果要補畫上一個步驟的膚色，不需要重新選色，使用吸取工具點一下膚色，就可以輕鬆找回顏色囉！

Step 4

選擇深一點的皮膚色及咖啡色，
畫出頭髮及皮膚的陰影。
頭髮與臉的交接處也要記得畫
喔！

Step 5

圖層 1 上方新增圖層 2，畫出輔助
線。

完成！

Step 6

回到圖層 1，根據輔助線確認五官
位置，完成五官。

Step 7

關掉圖層 2，使用更白皙的膚色來加上一
點臉部的亮面細節，頭髮也用淺色加上
亮面，以及用粉色加強臉頰，完成！

Note

加亮面的時候可以想像一下自己在
進行化妝打亮步驟，就可以知道要
畫在哪裡囉！如額頭、眼皮、顴骨
等地方就是常見的打亮處。

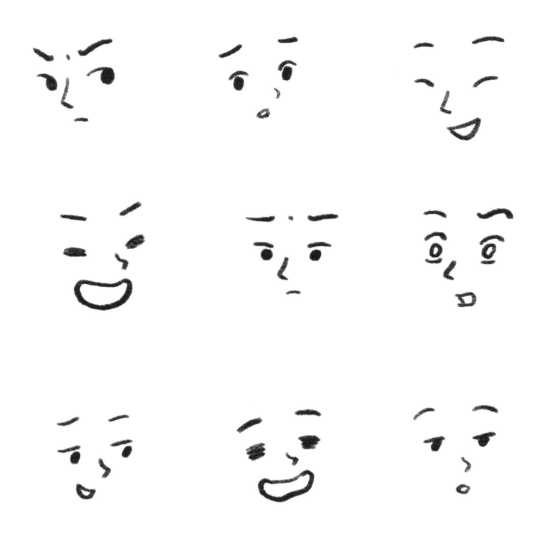

表情可說是 Q 版臉的重點呢！跟著一起練習，畫出各式生動的表情吧！

接下來配上不同的五官、髮型、膚色,練習畫出屬於你的 Q 版角色!

Lesson 6

Q 版頭像與髮型

在畫頭髮時，常常為了畫出一根根的髮絲
而忽略了整個頭型的立體感。
只要把頭型畫好，最後再隨興地撇幾根頭髮就會很好看囉！
一起來幫 Q 版頭像搭配細緻的髮型吧！

短髮女生

線稿

Step 1

第一個是有瀏海的短髮造型，先畫出草稿。

Step 2

下方新增圖層 2，按照 Lesson 5 的練習完成臉部、脖子及領口。臉部會被頭髮遮住的部分可以先隨性的畫。

Step 3

在圖層 2 上方新增圖層 3，
用棕色畫頭髮，小心地畫
出臉部的輪廓。

Step 4 ＼3 ━

完成大致的髮型。

完成！

細 節

Step 5

用細筆刷畫出瀏海以及部分
髮絲。

Step 6 ＼1、3 ▦

用深棕色及淺棕色畫
上部分髮絲，呈現頭
髮的亮面及暗面，最
後加上一點點頭髮和
眼睛的打亮，完成！

6-2

捲髮包頭
女生

Step 1 \2 ▬▬

第二個是捲捲的包頭造型，先畫出草
稿。

上色

Step 2 \3 ▬ ▬

下方新增圖層2，完成臉部。要注意的
是，和上一個練習不同，這個髮型不
會遮到臉和耳朵，所以臉邊緣要小心
地畫。

完成！

Step 3

在圖層 2 上方新增圖層 3，先忽略捲髮的部分，畫出主要的頭髮範圍。

細 節

Step 4

接著畫出捲捲的髮絲。關閉圖層 1。

Step 5

接著用深棕色及淺棕色畫上部分髮絲，最後加上一點點頭髮和眼睛的打亮，完成！

Note

捲髮的高光會較不明顯，所以不需要打亮太多。

6-3

大波浪長髮女生

線稿　　　　　　上色

Step 1

接著是長髮的造型。先畫上大致的草稿。

Step 2

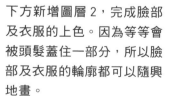

下方新增圖層 2，完成臉部及衣服的上色。因為等等會被頭髮蓋住一部分，所以臉部及衣服的輪廓都可以隨興地畫。

Step 3

在圖層 2 上方新增圖層 3，框出整個頭髮的形狀。

Step 5

沿著髮流,用不同深淺
的棕色畫出大波浪的
層次感。靠近脖子及臉
邊緣的部分用最深的棕
色,以強調暗部。

Step 4

填滿顏色。

Step 6

用更淺的棕色來打高光,並
用最細的筆刷再畫上一些髮
絲就完成囉!

43

6-4

長髮挑染
女生

線稿

上色

Step 1

再來要練習斜側臉及挑染的畫法。
畫草稿時，注意臉的角度和前面的
練習不同，所以五官的位置也要跟
著改變。

Step 2

下方新增圖層 2，完成臉部及衣服
的上色，輪廓一樣可以先不用畫太
仔細。

Step 3

上方新增圖層 3，完成頭髮的底
色。髮尾部分可將筆刷調細後再來
畫。完成後關閉圖層 1。

Step 4

將筆刷調至半透明，用棕色畫出挑
染的部分。頭頂保留一些部份不要
畫到，且不用一筆畫到底，分段畫
更能凸顯頭髮的層次感。

Step 5

接下來用更淺的棕色再疊上一層。
這一層開始盡量按著髮流來畫。

Step 6

將筆刷調細，選一個更淺的土
黃色，繼續疊出一絡一絡的髮
絲感。

完成！

Step 7

筆刷調成不透明，頭頂部分用淺
棕畫一點點髮絲，再用黃色畫上
髮尾的亮部。

中分男生

線稿

上色

Step 1

再來示範幾個男性的畫法。
在打草稿的時候，要注意男性的下巴
及顴骨要畫得有稜有角些。

Step 2

下方新增圖層 2，完成臉部及衣服的上
色。髮際線部分稍微用深膚色畫上陰
影。因為沒有頭髮的遮擋，臉部的輪
廓要畫得仔細一點。

Step 3

圖層 2 上方新增圖層 3，畫上頭髮底
色。用細筆刷畫出邊緣的髮絲以及鬢
角。關閉圖層 1。

Step 4

先用深棕色在頭頂、耳朵及髮際線附
近畫上暗部髮絲，再用不同程度的淺
棕畫亮部髮絲。並完成眼睛細部。

Note

眉毛也可以畫一點毛髮喔！

完成！

Step 5

最後加上一點點鬍子。完成！

Note

畫鬍子時可以把筆刷透明
度調低，看起來比較自然。

6-6

短髮男生

線稿

Step 1

先來畫草圖。

上色

Step 2

下方新增圖層 2，將臉部及衣服上色，
並完成五官細節。額頭的上緣可以稍
微用深膚色帶過，以作為瀏海的陰影。

49

Step 3　　　　　　　　　　\3 ▬

圖層 2 上方新增圖層 3，將頭髮底色完
成。完成後可以先關閉圖層 1。

完成！

Step 4　　　　　　\3 ▤

換成細筆刷，髮尾及髮旋的地方用
深棕色畫暗部髮絲，其他地方再用
淺棕強調亮部髮絲。最後完成眼睛。

Note

因為要讓頭髮看起來有層次，所
以在畫亮暗髮絲的時候線條可以
畫短一些，並多分幾次來畫。

6-7

西裝頭男生

線稿

上色

Step 1　　　　　　　　⌐1⌐ ▬

接下來練習側面的西裝頭。

Step 2　　　　　　　　⌐3⌐

下方新增圖層 2，將臉部及衣服上色，
並完成五官及衣服細節。額頭及耳朵
後方一樣先用深一些的膚色稍微帶過。
頸部後方及下巴處畫上一點陰影。

Step 3

圖層 2 上方新增圖層 3，完成頭髮底色。側邊頭髮與臉的交接處以及後方頭髮與脖子的交接處，可以用細筆刷畫幾根髮絲。關閉圖層 1。

完成！

Step 4

從髮際線出發，順著頭髮的兩個方向畫上深色髮絲，分線下方及頭頂畫上淺色髮絲。最後完成眼睛。

Lesson 7

寫實五官

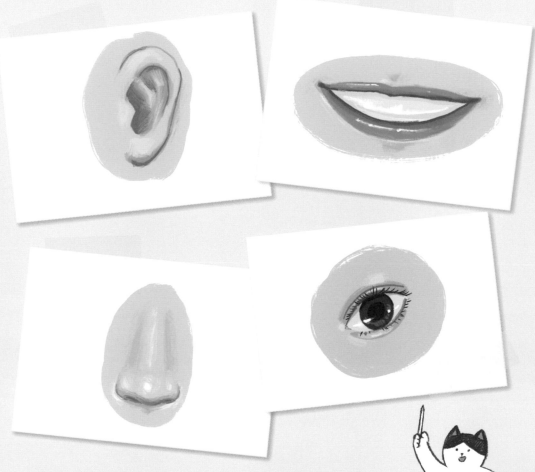

Q 版頭像練習完後,接下來我們會分別練習
每一個五官的寫實畫法,熟悉之後再將他們拼湊起來,
畫出更完整、更寫實的肖像。

單眼

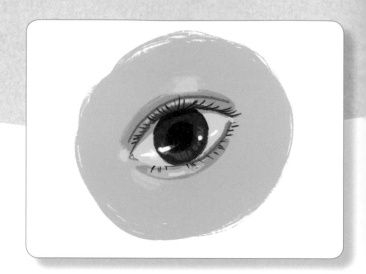

線 稿

上 色

Step 1

畫出眼睛的輪廓。

Step 2

下方新增圖層 2，畫上皮膚
底色。

Note

為了讓圖片更清楚所以
這幾張範例圖把輪廓圖
層關閉了，自己練習時
只要將透明度調低，並
設為【色彩增值】即可。

Step 3

膚色圖層上方再新增圖層 3，畫上眼白。

注意眼白的顏色並非白色，而是帶點米灰色調。

Step 4

再用深咖啡色畫出瞳孔。

細 節

Step 5

用咖啡色畫出眼皮及輪廓。眼睛下緣輪廓線不用完全畫滿，由後往前畫，至超過瞳孔一些即可。

再用深粉色強調眼頭及下眼瞼。

Step 6

眼白的上方用灰色畫出一點點陰影。
接下來回到圖層 2，在眼睛周圍畫上較深的皮膚色，呈現眼皮的澎度。
眼頭、眼皮上方則用亮色畫出亮面。

Step 7

至圖層 3 畫出瞳孔的深、淺色。

Step 8

畫出睫毛、眼球反光。

完成！

Step 9

最後，可以試著用塗抹筆刷將色塊之間稍微塗抹融合，並用小筆刷畫出更多細節。

Note

如果覺得塗抹的效果太強了，可以將筆刷透明度調低，慢慢塗抹到滿意的狀態。

雙眼

線 稿

Step 1 2

畫出垂直及水平輔助線。
水平輔助線分別為通過眉毛及眼睛中間的位置。

Step 2 2

框出雙眼的輪廓。
除了原本的三條輔助線之外，可以在兩邊眼頭、眼尾或眉頭、眉尾處再增加輔助線，用來確認兩邊是對稱的。
輪廓畫好之後稍微拿遠一點看，確認瞳孔有對到焦。

上色

Step 3

將圖層 1 透明度調低，下方新增圖層 2
畫上皮膚底色。在圖層 2 上方新增圖
層 3，用深咖啡色畫出眉毛、眼睛輪廓
及瞳孔。畫完之後一樣再次確認兩邊
有無對稱。

Step 4

關閉圖層 1。回到圖層 2，畫出眼白、
眼皮深色。

Step 5

和畫單眼步驟一樣，畫出眼皮皺摺、
眼瞼以及皮膚的亮暗面。眉骨也要記
得打亮，鼻梁兩側加上陰影。

Step 6

回到圖層 3，畫出眉毛的毛流、瞳孔的
細節。眉毛的毛流同時用深色及淺色
畫，會更有根根分明的感覺喔！

放大圖

58

細 節

Step 7

加上眼球陰影、睫毛、反光等細節。

完成！

Step 8 ＼1

最後用塗抹工具及小筆刷將
色塊抹勻、試著畫出更多細
節。完成！

放大圖

眼睛畫得好，情緒的展現可以更到位。一起挑戰各種「會說話」的眼睛！

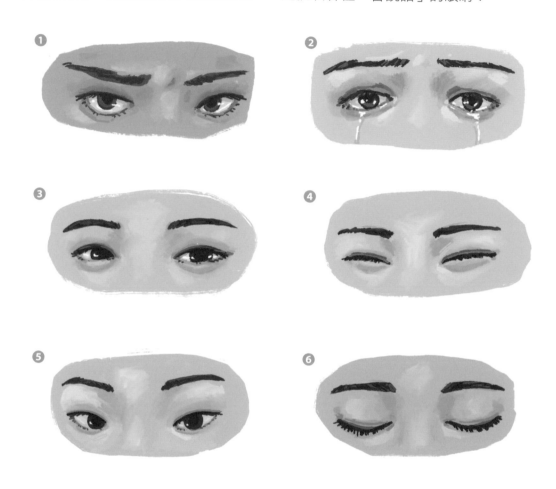

各種表情的眼睛重點

❶生氣：眉尾上揚，皺眉，露出一些下眼白。

❷哭泣：眼尾、眉尾下垂，眼周及眼白上點粉紅色，用白色光點製造出水汪汪的效果。

❸微笑：臥蠶向上推遮住瞳孔下方 1/3，眉毛角度平緩。

❹大笑：用力瞇起眼睛，眼睛及眉毛的距離靠近。

❺單眼皮：眼皮與眼睛交界處有柔和的陰影，上睫毛稍微下垂，不會往上翹。

❻閉上：眼窩處畫上一些陰影，呈現出眼球立體感。

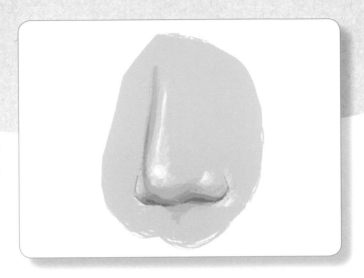

7-3

鼻子側 45 度

線稿

上色

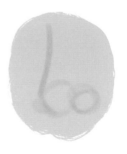

Step 1 \2 ━━

先畫出一個卡通般的鼻子。

Step 2 \2 ━━

用三個圓圈畫出鼻頭、鼻翼。
注意較遠那側的鼻翼會被鼻頭擋住一部分。

Step 3 \3 ━━

圖層 1 透明度調低,下方新增圖層 2,畫上皮膚底色。

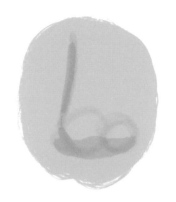

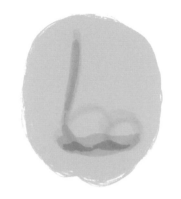

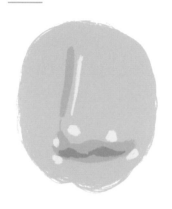

Step 4　(V3)

沿著鼻梁、鼻子下緣畫出陰
影，鼻子下緣的陰影色塊會
微微高於原先的草稿。

Step 5　(V3)

用更深的膚色畫出鼻子下
緣、鼻孔處。

Step 6　(V3)

將圖層 1 關閉。
用亮色畫出鼻梁、鼻頭、鼻
翼及鼻翼斜下方的亮面。

完成！

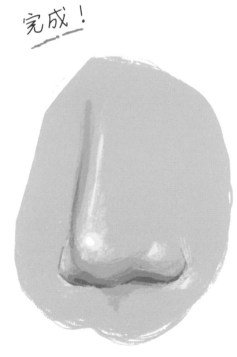

Step 7　(V3)

將筆刷調細，用更深的橘紅
色稍微畫出鼻梁、鼻翼兩側
及鼻孔輪廓。

Step 8　(V1)

用塗抹工具將色塊
邊緣抹勻，再用小
筆刷補強細節。完
成！

鼻子正面

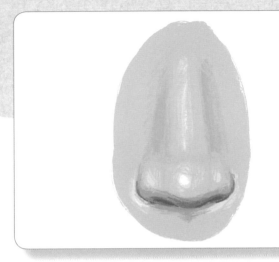

線稿

Step 1

畫正面的鼻子時，先畫出一個梯形。

Step 2

一樣用三個圓畫出鼻頭、鼻翼，並在中間畫一條輔助線確認鼻頭高度。

上色   細節

Step 3

圖層 1 透明度調低，下方新增圖層 2，
刷上底色，並用深膚色畫出鼻子下緣
的陰影。

Step 4

鼻梁兩側畫上陰影，鼻梁中間、鼻頭、
鼻翼及鼻翼下方打亮，並用深橘色畫
出鼻子下緣及鼻孔輪廓。關閉圖層 1。

Step 5

鼻梁中間及鼻頭再加強一次打
亮，再加強一次鼻孔邊緣。

完成！

Step 6

將色塊邊緣塗抹暈
開，畫出更多細節，
完成！

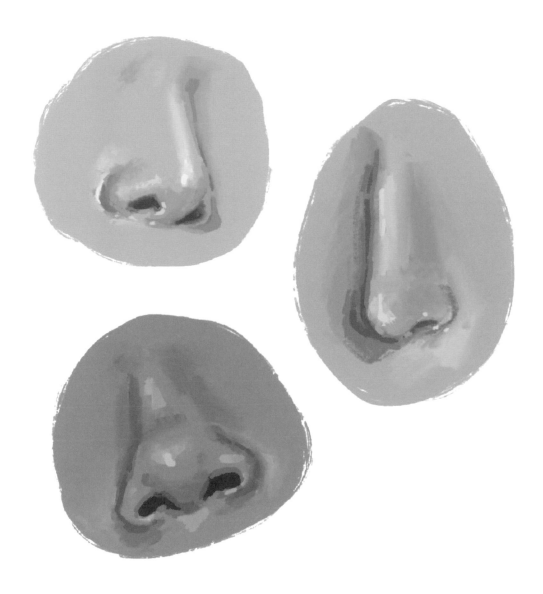

畫鼻子的重點

❶ 畫鼻子的陰影時顏色都不要調太深，不然容易看起來像鼻影畫太重的人。

❷ 如果想凸顯立體感，可以用提亮鼻梁、鼻翼的方式取代一直加深陰影。

❸ 鼻孔處也不要用到太深的顏色，才不會太有存在感。

7-5

放鬆微笑

線稿

Step 1

先畫出一個微笑曲線。

Step 2

標出嘴巴的中心線後,描出
嘴唇的輪廓形狀。

Step 3

畫出唇峰。

Step 4

圖層1透明度調低,下方新增圖層2塗上膚色,上方再新增圖層3塗上粉紅色的嘴唇。

Step 5

用一層一層由淺到深的粉紅色疊加畫出嘴唇的立體感。最後用最深的粉色再描一次微笑曲線。嘴角畫一點點較深的膚色。唇峰上緣及下唇的下緣則用較淺的膚色加強亮部。

完成!

Step 6

最後可以用暗紅色再加強一次微笑曲線。將色塊塗抹暈開後,加上白色反光,補上唇緣的陰影,嘴巴完成!

7-6

露齒微笑

線稿　　　　　　上色

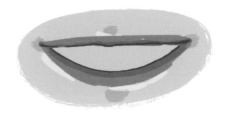

Step 1　　　\3 ━━

在畫露齒微笑的嘴巴時，可以直接用粗的筆刷畫出嘴巴形狀。

Step 2　　　\3 ▨▨

下方新增圖層 2 刷上膚色。

回到圖層 1，和上一個練習一樣，畫上更深的唇色強調立體感，再用暗紅色畫出嘴唇內側輪廓。

回到圖層 2，畫上唇緣及嘴角的陰影及亮部。

Note

這邊我們採取直接上色的作法，如果還不太熟練，也可以像上一個練習從畫嘴唇外緣輪廓開始。

Step 3

一樣在圖層 2，用稍微偏灰的顏色刷在牙齒部位，再用深一些的灰色分出上下排牙齒，不用一顆一顆畫出來。並用白色畫出牙齒的反光。
回到圖層 1，畫上嘴唇的亮光。

完成！

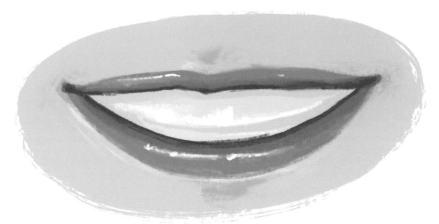

Step 4

色塊邊緣塗抹暈開，完成！

畫嘴唇的重點

❶ 畫男性時，嘴唇顏色可以使用偏橘、飽和度較低的顏色，比較不會像擦了口紅。

❷ 適當地美化照片，減少唇紋、點出嘴唇亮點，可以讓嘴唇看起來更水嫩。

耳朵

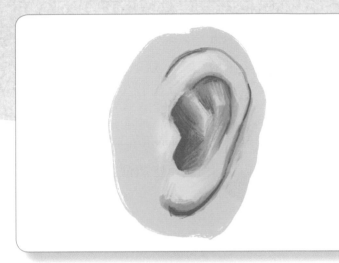

線稿

Step 1

畫一個橢圓形及一條直線，框出耳朵的形狀。

Step 2

觀察耳朵陰影及輪廓，用粗筆刷畫出大概的構造。

上色

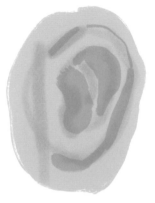

Note

畫陰影的時候線條粗細不用太整齊，完成後看起來會比較自然喔！

Step 3

圖層 1 透明度調低，下方新增圖層 2，畫上底色以及第一層陰影色。

Step 4

關閉圖層 1，在耳朵內部及下緣的地方再加一層深色，並在耳朵「骨頭會凸出來」的地方加亮。

細節

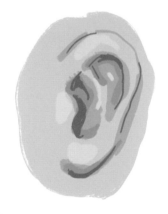

 完成！

Step 6

將色塊塗抹暈開，補上一些細節，耳朵完成！

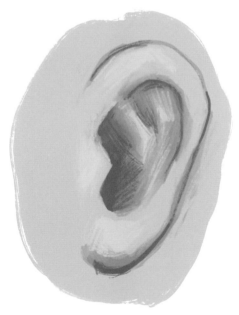

Step 5

將筆刷調細一點，用深色再次強調輪廓及耳朵「凹進去」的地方。

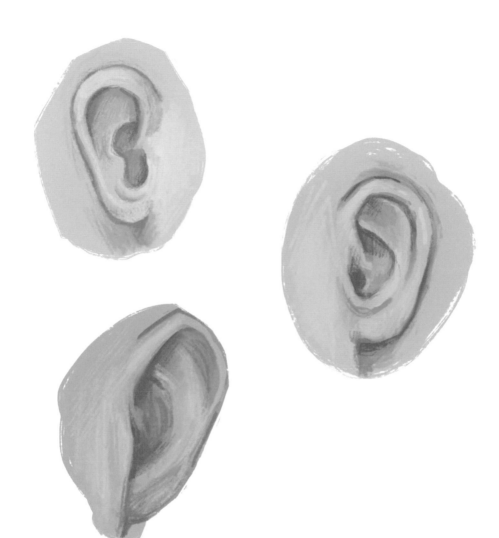

畫耳朵的重點

❶ 先觀察耳朵的構造，確認哪邊的骨頭是「凸起來」的，哪邊是「凹下去」的，就可以知道亮暗面應該畫在哪。

❷ 每個人的耳朵跟構造都不太一樣，可以多找幾張不同人的耳朵照片來練習看看喔！

Lesson 8

寫實頭像

練習過五官及髮型的畫法後，
可以找一張照片來參考，試著畫出似顏繪囉！
接下來示範的步驟會是比較寫實的風格，
一起來練習把 Q 版頭像畫得更精緻吧！

8-1

斜側臉女生

Q版

線稿

Step 1

畫出草稿。跟照片不用很像沒有關係，但要注意五官之間的對稱、協調。

Step 2

將草稿圖層 1 透明度調低，並設為【色彩增值】效果。

上色

Step 3

下方新增圖層 2，畫上皮膚底色。頭髮處因為會再新增圖層蓋過去，所以塗出去沒關係。

Note

上完膚色後，如果覺得皮膚顏色不滿意，可以點選【調整】→【色相、飽和度、亮度】→【圖層】，利用下方拉桿來調整顏色。

Step 4

畫上五官、鎖骨及下巴陰影。上方新增
圖層 3 框出頭髮輪廓。

Step 5

完成頭髮及眉毛。外圍的髮絲以及髮際
線的地方可以用細筆刷勾勒。

細 節

Step 6

皮膚及頭髮分別加上亮暗，臉頰也上一
些粉色。頭髮的明暗可以用粗細不同的
筆刷隨興地畫，看起來會比較自然喔！

Note

因為作品用色較多，可以每換一個顏色就新
增一個圖層以便修改。如果已經有點基礎
了，則可以簡化圖層數量。

將五官各部位放大,一個一個畫出細節。雖然這張眼睛是向下看的,但是還是有露出些微的黑眼珠,記得要畫出來喔!

放大圖

完成!

Step 8

最後可以將色塊塗抹暈開,畫上雀斑。完成!

8-2

正面女生

Q 版

Step 1

首先畫出一個橢圓形以及十字輔助線。

這張臉的方向有微微地向左傾，所以垂直輔助線也有稍微往左彎曲。

Step 2

接下來畫出臉型及頭髮輪廓。

Step 3

畫上簡單的五官草稿。

Step 4

稍微用力一點描出更精確的輪廓線。

Step 5

下方新增圖層 2，塗上皮膚底色並用深
色加強輪廓陰影處，包含五官、下巴、
鎖骨以及頭髮與臉的交接處。

Note

如果忘記五官陰影處要畫哪裡，可以
回到 Lesson 7 複習一下喔！

Step 6

接下來加上亮部。臉頰及嘴唇塗上粉
紅色。

Note

之前學畫五官的時候每個部位都有
需要打亮的地方，不過因為現在是
畫整張臉，所以要注意下巴、額頭
等骨頭凸出的地方也要記得畫打亮。

細 節

Step 7

畫出眉毛、眼睛及鼻子、嘴巴
的深色部分。

Step 8　　　　　　\3

畫出頭髮。

Step 9　　　　　\3 ▬▬ ▬▬

按照 Lesson 6 所學，畫出頭髮的
亮暗。將五官各部位放大，一個一
個畫出細節。並用深橘色畫上下
巴、脖子及耳朵內部的輪廓。

Step 10　　　　　\1

最後可以試著將各色塊邊
緣塗抹暈開，使整張臉更
加柔和自然。完成！

8-3

大馬尾女生

線稿

Step 1

畫頭髮之前,先大概畫出臉部及身體的
輪廓。

Step 2

換一個顏色畫出頭髮的輪廓。因為頭髮
有厚度及澎度,所以頭部的頭髮輪廓會
略大於剛剛畫的頭部。

上 色

Step 3

將圖層 1 透明度調低，下方新增
圖層 2，先完成頭髮以外的部分，
會被頭髮遮住的地方可以省略不
畫。用細筆刷畫出下顎跟脖子的
線條以及睫毛。耳朵後方、頭髮
與皮膚及衣服的交會處要記得先
畫上陰影。

放大圖

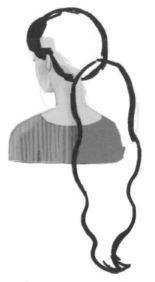

Step 4

上方新增圖層 3，畫出明確的頭
髮輪廓。

Step 5

填滿顏色。

細節

Step 6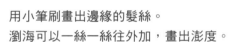

用小筆刷畫出邊緣的髮絲。
瀏海可以一絲一絲往外加，畫出澎度。

Step 7 \3

可以將圖層 2 透明度調高，以確認馬尾
跟頭部的交接處。接著用不同程度的深
色畫出暗部，讓頭型及馬尾的立體感呈
現出來。

Note

在畫亮、暗部的線條時，不用畫得
太整齊，才會看起來比較自然。

Step 8

用淺色畫出頭髮的亮部。

Step 9 〔\1〕

點選塗抹工具，順著頭髮的方向將色塊
暈開。

Step 10 〔\4〕

使用細筆刷在剛剛步驟 7 打
亮的地方，用更淺的棕色撇
出一些髮絲的線條，完成！

8-4

短髮男生

線稿

Step 1 ⟨\1⟩ ▬

先畫出頭及臉部的草稿。

Step 2 ⟨\1⟩ ▬

換一個顏色,畫出頭髮的輪廓。

上 色

Step 3

下方新增圖層 2，先將臉部完成。

Step 4

上方新增圖層 3，畫出頭髮輪廓。

細 節

Step 5

填滿顏色、畫出邊緣髮絲。

Step 6

畫出頭髮的亮暗面。
亮面處用一塊一塊的畫法呈現出短髮一
絡一絡、有層次的效果。

Step 7   〈3〉

順著頭髮方向塗抹暈開。

完成！

Step 8   〈1〉

畫出髮絲。
這時如果覺得臉部的色塊感
太重，可以像 Lesson 7 畫五
官時一樣，稍微將各色塊抹
開。

8-5

戴眼鏡男生

參考照片

Q 版

線 稿

上 色

Step 1

畫出草圖。

Step 2

下方新增圖層 2，刷上膚色以及皮膚的暗部及亮部。用深棕色簡單畫上眼睛、鼻孔及嘴巴輪廓線。

· 暗部：五官凹處、臉與頭髮的交接處、
　下巴、領口。
· 亮部：五官凸處、脖子後方。

細 節

Step 3

圖層 2 上方新增圖層 3，用深灰色畫出頭髮及眉毛，再用黑色及淺棕色補上頭髮的明暗，並完成眼睛。

Step 4

衣服先上底色，白底部分記得上面
用灰藍色畫上陰影，接下來用深色
畫出領口輪廓線及皺褶。衣服部分
完成。

Step 5

圖層3上方新增圖層4，畫出眼鏡。
回到圖層3，在眼鏡下緣畫上陰影
及鏡片反光。

放大圖

完成！

Step 6

將色塊稍微塗抹開來，完成！

8-6

嬰兒

線稿

Step 1

畫出頭型及十字輔助線,嬰兒的臉型會比較圓一點。

Step 2

畫出五官。

上色

Step 3

圖層 1 透明度調低,下方新增圖層 2 畫出皮膚底色,並用深色畫出五官及陰影。

Step 4

將筆刷調至半透明,大致畫出頭髮及眉毛的範圍。

細 節

Step 5 (1) ▬

用細筆刷撇出一根一根的頭髮,因
為有前一個步驟的打底,能呈現出
嬰兒稀疏的頭髮,但又不會看起來
像禿頭。

Step 6 (3) ≡

畫出五官細節。
跟成人比起來寶寶眼珠比例較大,
畫的時候可以注意一下這點。

Step 7 (3)

畫上衣服及皺褶。

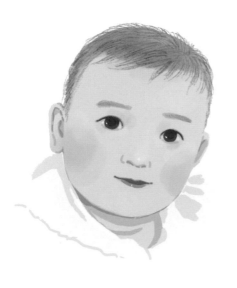

Step 8 〖5〗

將筆刷調成半透明，畫出臉頰的
紅潤。

完成！

Step 9 〖5〗

一樣使用半透明筆刷，選亮膚色畫
出一點點的打亮，主要畫在額頭、
鼻頭、上下眼皮處。下手要盡量輕
一點，才能呈現出嬰兒吹彈可破的
皮膚質感。

老人

參考照片

Q 版

線稿

Step 1 \2 ▬

畫出粗略的草稿。

駝背

臉頰下垂

Step 2 \2 ▬

畫出五官，呈現出駝背及臉頰下
垂。

上色

Step 3 \3 ▤

下方新增圖層 2，畫出皮膚底色及陰
影。老人的膚色會暗沈一些，除了五
官、脖子、領口的暗部，皺紋及眼袋
部分也要記得畫。

細節

Step 4 \3 ▤

嘴唇先上暗粉色，再用深紅色畫上
眼睛、鼻孔、嘴巴以及部分下巴、
脖子及耳朵的輪廓。額頭、眼尾有
皺紋的關係，畫亮部的時候要畫一
條一條的，才會跟暗部平衡喔！

Step 5　

上方新增圖層 3，用灰色畫出
頭髮及眉毛底色，再用深灰及
淺灰畫出一根根的頭髮。

Step 6　

畫上衣服以及衣服的明暗。

完成！

Step 7　

用小筆刷畫出斑以及眼睛，
並加上一點點眼袋及法令紋
的線條。最後稍微將色塊暈
開，完成！

Lesson 9

速寫練習

在練習肖像畫法的過程中，不用每一次都按照步驟
精確地畫出來，偶爾也可以穿插一些速寫練習，
幫助更快速地抓住臉部比例，心情也比較放鬆～

線稿

Step 1 （\1）━━

畫出草圖。雖然是速寫但記得五官的高度、比例還是要注意一下。

Step 2 （\其他）━━

用單色畫出精確的線稿，可以加入頭髮陰影等細節。這邊使用的筆刷是「滲墨」（主要線條）、「Flat Marker」（陰影）、「袋狼」（頭髮線條）。

上色

完成！

Step 3 （\3）

簡單畫上底色就完成了！

除此之外，速寫時用不同的筆刷上色，就會有不一樣的風格。
比如把上色的筆刷改成水粉畫，就會呈現出淡彩的效果。

草 稿

線 稿

上色

或是把線稿及上色筆刷都改成德溫特，呈現出來的就會是色鉛筆效果。

草 稿

線 稿

上色

大家可以多多嘗試在各步驟更換筆刷搭配，

說不定還可以找到屬於你的獨特風格！

在學習畫人物的過程中，除了上網找照片來參考之外，
也可以多觀察自己的臉，對著鏡子擺出不同的表情跟角度，
可以更加了解五官的細部構造喔！

Chapter 3
全身

Lesson 10

火柴人到Q版全身

人體的骨架構造是很複雜的，
不過大家小時候應該都畫過火柴人跟饅頭人吧！
就讓我們從最簡單的線條開始，
慢慢認識人物的關節及姿勢變化吧！

正面站姿

線 稿

Step 1　　　　　　\6

先畫出最簡單的火柴人。

Step 2　　　　　　\6

用幾何圖形分別畫出頭、脖子、軀幹、手臂、手掌、腿、腳掌。這邊還不用顧慮人物的正確比例，先區分出身體的部位即可。

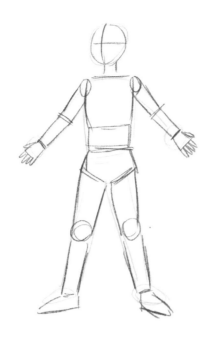

Step 3 ⟋6⟍ ▬

在上方新增圖層 2，接下來分出關節。

· 軀幹：胸、腹部、髖
· 手：肩膀、手肘、手指
· 腳：膝蓋、腳踝

試著動動自己的身體，找出哪些地方
有關節呢？

Step 4 ⟋6⟍ ▬

把草稿圖層 2 調淡，上方新增圖層 3，描出清楚的
線稿。剛開始畫不用一筆到位沒關係，可以觀察比
例，慢慢畫慢慢修。

· 肩膀：與脖子有斜方肌連接，會是稍微向下斜的
　角度。
· 腰：會稍稍往內縮，最細的地方大概在肋骨下
　緣、腹部一半處。
· 四肢：不用一次畫完整隻手或腳，都從關節畫到
　關節就可以，會看起來比較自然。另外腿因為比
　較有肉，線條不要畫得太生硬，要有點弧度哦！

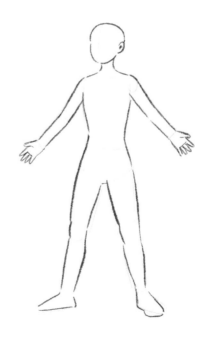

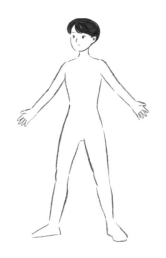

Step 5

上方新增圖層 4，畫出頭髮、五官，將頭部完成。

完成！

Step 6

上方新增圖層 5，幫人物穿上簡單的服裝。畫出輪廓後內部塗滿顏色即可。

Step 7

最後回到圖層 4，在臉頰、手指、膝蓋等地方畫上一點紅潤色彩，這樣一個簡單的人物就完成了！

10-2

側身

線 稿

Step 1　\6 ——

在對人體有初步的認識後，接下來可以跳過火柴人的步驟，直接畫出有體積的人物草稿。

Step 2　\6 ——

在畫服裝之前，要先確定人物的身體比例及關節，畫上衣服之後才會協調。

完成！

Step 3 \6 ▬

上方新增圖層 2，描出清晰的線稿。
衣服除了畫上輪廓外，也可試著畫
出皺褶。

Step 4 \5 ▬ ▬
 ▬ ▬

關閉圖層 1，在圖層 2 下方新增圖層 3，
簡單上點顏色就完成了！

10-3

側躺

參考照片

線 稿

Step 1　　　　　　\6 ▬

在畫比較複雜的姿勢時，可以從火
柴人開始，先把軀幹、四肢之間的
關係分清楚。

Step 2 〖\6〗━

跟前面的練習一樣,畫出關節及肢體的大概輪廓。

Step 3 〖\6〗━

上方新增圖層2,描出初步的線稿。衣服因為有厚度跟澎度,要畫得略大於身體輪廓,線條需柔和一些。

Step 4 〖\6〗━

線稿的步驟不用一次描到位,如果覺得線條畫得不夠乾淨俐落,可以新增圖層再描一次。

完成!

Step 5 〖\5〗

關閉圖層1,圖層2下方新增圖層3,上點簡單的顏色,完成!

10-4

蹲姿

● ● ● ●

參考照片

線 稿

Step 1 〔V6〕 ━━

在畫像蹲姿這種有很多身體
部位被遮擋起來的姿勢時，
更不能省略區分身體部位及
關節的步驟。

Note

建議繪圖順序：
頭→軀幹→肩膀、臀部→
手臂、腿→手掌、膝蓋、
腳掌

Step 2

上方新增圖層 2，描出初步的線
稿。每畫一個部位可以稍微拿遠
一點看，確認與其他部位大小比
例有平衡。

Step 3

在上方新增圖層 3，描出俐落的
線稿。

Step 4

關閉圖層 1、2，圖層 3 下方新增圖層 4，
簡單上顏色，完成！
簡單的線條，配上隨興地上色，就能
呈現一種簡單、清新的風格喔！

Lesson 11

骨架肌肉

對人物姿勢有一點了解之後，
接下來要更進一步認識人體肌肉的分布及畫法。

11-1

男性

參考照片

Note

男性的肌肉普遍比較明顯，一開始可以找男性的參考照片來練習，會更清楚人體肌肉的分佈。

線稿

Step 1

先畫出人物輪廓及關節。

Step 2　

換一個顏色，畫出較明顯的肌肉。
包含胸、腹、手臂、腿部的肌肉。

Step 3　

將圖層 1 透明度調低，上方新增圖
層 2，開始描線稿，先從頭部開始。

Step 4　

接著畫出身體輪廓線，記得
一樣都從關節到關節畫出肌
肉曲線。

Note

男性的腰部線條較直，注
意不要畫得太「凹」囉！

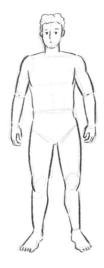

Step 5　

畫出手掌、腳掌。注意手指也有關
節，要畫出彎曲的角度。

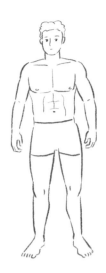

Step 6

最後畫出中間的肌肉線條。
腹肌及胸肌的線條用細一點的筆刷
輕輕畫會比較自然。關閉圖層 1。

上色

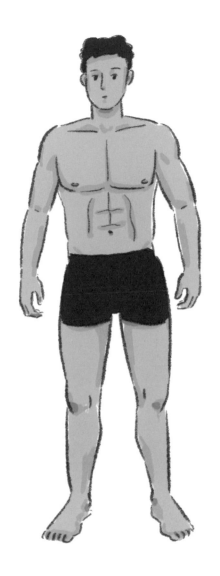

Step 7

圖層 2 下方新增圖層 3，先畫上
底色。

Step 8

調深一點的膚色，畫出肌肉的陰
影。

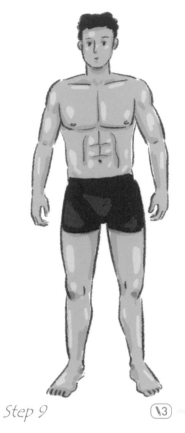

完成！

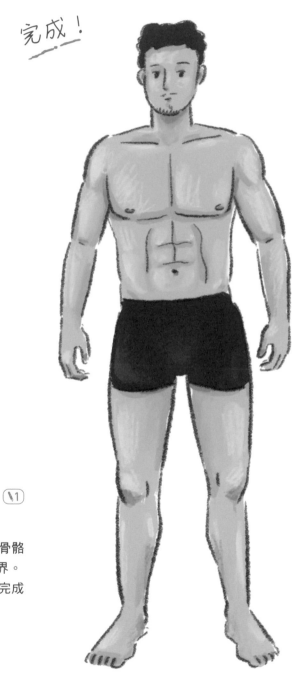

Step 9 ⒀

再調亮色，在肌肉膨起來的地方畫
出亮面。

Step 10 ⑴

將色塊塗抹暈開。
肌肉的部分可以抹得糊一點，骨骼
關節處則可以保留一些色塊分界。
最後用小筆刷補強一些細節就完成
了！

11-2

女性

線稿

Step 1   \1 ▬

在畫不是立正站好的姿勢時，可以在
頭的下方畫出一條鉛垂線找到重心。

123

Step 2

畫出身體輪廓及關節，利用鉛垂線
比對一下人物有沒有站穩。

Step 3

畫出穿過肩膀、腰、髖部的直線，
確認一下人物姿勢。如果姿勢高低
有不符合的地方，可以再調整線稿。

Step 4

上方新增圖層 2，開始描出精準線
稿，先完成頭部。

Step 5

完成上半身。畫的時候注意，這張
圖的女性肌肉較不明顯，線條趨近
直線；腰身線條則略往內縮一些。

Step 6

接著完成下半身，隨時注意一下肩膀、腰部、臀部的寬度比。

Step 7

最後完成衣服的細節以及畫出鎖骨。

Step 8

關閉圖層 1。圖層 2 下方新增圖層 3 開始畫上底色。

完成！

Step 9

調出深膚色及亮膚色，分別畫出陰
影及亮面。

Step 10   (1)

用塗抹筆刷暈開色塊，補強一下細
節，完成！

Lesson 12

手腳

你是不是也常常在畫畫的時候，

覺得手和腳的比例好難抓，怎麼畫都畫不好呢？

這堂課我們特別來練習手和腳的畫法，

跟著步驟一起練習，藉由手腳讓你的人物更有情緒，

看起來更完整、更專業！

放鬆的手

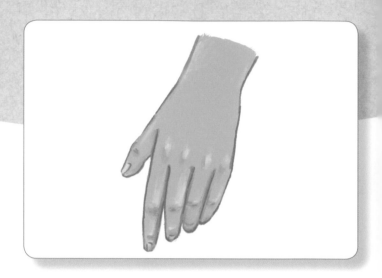

參考照片

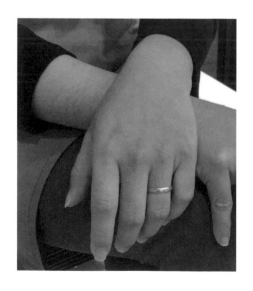

線 稿

Step 1 〔2〕

先畫出手背的梯形。

上 色

Step 2 ⓥ2 ▬▬

畫出手指及手腕，指關節及指尖
處可以畫一條直線比對一下高度
位置。

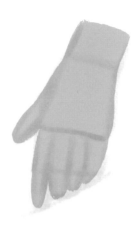

Step 3 ⓥ3 ▬▬

圖層 1 下方新增圖層 2，畫上底
色。

細 節

Step 4 ⓥ3 ▬▬

用深一點的顏色大致描出輪廓
線。畫到手指關節時，可以把每
一節的線條稍微分段，手指的形
狀會更清楚。

Step 5 ⓥ3 ▬▬

關閉圖層 1，用深膚色畫出關節。

Step 6

再用亮膚色畫上亮面，並畫上關節皮膚的皺折。

Step 7

用擦除筆刷修飾一下外圍輪廓，加上指甲等細節。

完成！

Step 8

將色塊塗抹暈開。跟畫全身肌肉時一樣，肌肉處暈開一點，關節處保留一些色塊。放鬆的手完成！

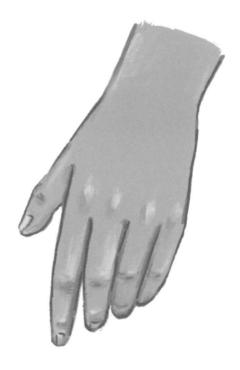

12-2

拿筆的手

參考照片

線 稿

Step 1 〔\2〕 ▰

先框出拳頭的範圍，並畫出代表筆
的一條直線。

Step 2

慢慢畫出手指輪廓線。
從大拇指開始，依序往後畫。

Step 3 (\3)

上方新增圖層 2，用膚色畫出大致
的輪廓，關節處的轉折可以畫得有
稜有角些。

上 色

Step 4 (\3)

填滿底色。

Step 5 (\3)

圖層 2 上方新增圖層 3，用淺灰色
畫出完整的筆。

細 節

Step 6

回到圖層 2 用深色畫出手指輪廓線，再到圖層 3 把被姆指遮住的筆身擦除。關閉圖層 1。

Step 7

回到圖層 2 畫出陰影、關節及亮面。陰影部分主要在虎口以及掌心處。

完成！

Step 8

用深橘色畫出指甲以及清楚的手指輪廓。並畫上筆的亮面。

Step 9

塗抹暈開，加強細部，完成！

12-3

腳

●●●●●

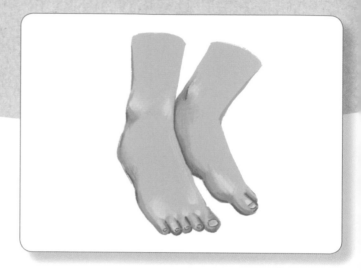

線稿
─────

Step 1 ╲2 ▬

腳的畫法跟手大致上是一樣的，
先畫出大範圍輪廓，並圈出腳踝
兩側突出的骨頭。

Step 2 ╲1 ▬

再分出腳趾及畫出肌肉線條。腳
底板的足弓部分記得也要畫出來
喔！

上 色

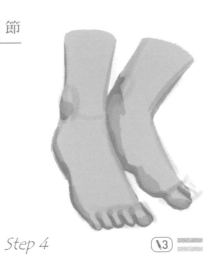

Step 3　③

下方新增圖層 2，畫上底色。

細 節

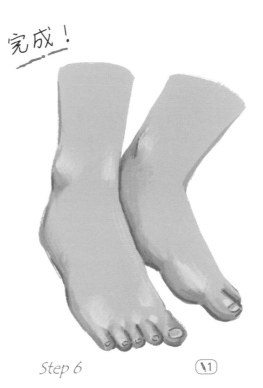

Step 4　③

用深色畫出輪廓線及陰影。

完成！

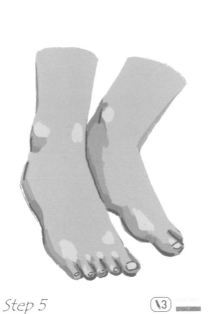

Step 5　③

畫出亮面、指甲等細節並再次加強
輪廓線。完成後關閉圖層 1。

Step 6　①

塗抹暈開、加強細部，腳完成！

嘗試看看畫更多不同的手勢和腳吧！

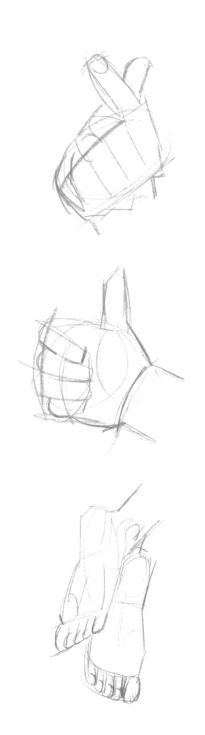

Step 1

Step 3

Step 2

Step 1

Step 3

Step 2

Lesson 13

細膩的全身畫像

接下來我們要前進到更多肢體表現、更細膩的全身人像。
由於細節更多了，每個步驟也需要更多時間完成，
不要急，一步一步慢慢練習吧！

除了看照片練習之外，也可以先在全身鏡前觀察一下自己的身體，
捏一捏看哪裡是骨骼、哪裡是肌肉。

如果想對人體肌肉有更多的認識，也很推薦多嘗試不同的運動，
了解關節、肌群之間的關係，
都可以幫助你在畫各種姿勢時更快抓到精髓喔！

成人全身

線稿

Step 1 〔\1〕 ▬▬

把照片 app 與 Procreate 拉成雙畫面，畫出頭頂、肩膀、腰部、裙擺、腳底等部位的參考線。
使用這個方式抓人物比例時，記得不要動到畫布或照片的大小。

Step 2 〔\1〕 ▬▬

畫出人物基本輪廓。

Step 3　

上方新增圖層 2，開始描線稿。

Step 4　

由上往下，慢慢畫出上半身的細節。

Step 5　

接著完成下半身。關閉圖層 1。

Step 6

如果覺得腿有點太短，這時候可以點選介面左上方的【選取】將下半身選起來，再點選【變換變形】向下移。

上 色

Step 7

再選回筆刷,將空白處連接起來。

Step 8

下方新增圖層 3,從皮膚開始上色。

細 節

Step 9

圖層 3 上方新增圖層 4,畫上頭髮、衣服等範圍較大的色塊。如果對上色還不熟悉,可以每畫一個物件就新增一個圖層以便修改。

Step 10

最後再畫鞋子及配件等較小的色塊。

Step 11

將底色圖層全部合併之後,上方
新增三個圖層,設定為【剪裁遮
罩】。並分別點開 N 設定為【色
彩增值】(畫影子)、【加深顏
色】(加強陰影)、【加亮顏
色】(加強亮面)。

各效果圖層要畫的位置如下方箭
頭處所示:

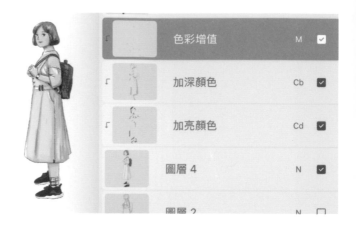

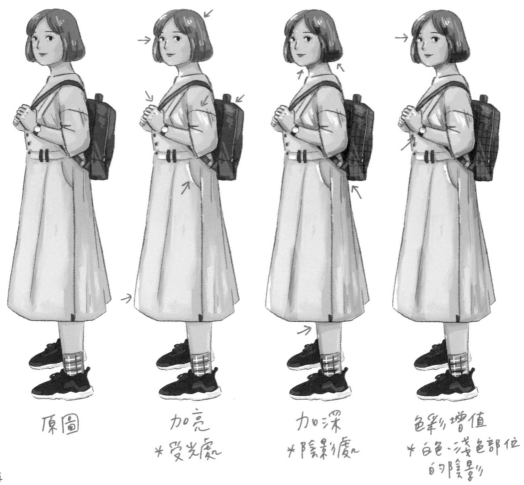

原圖　　　加亮　　　加深　　　色彩增值
　　　　＊受光處　　＊陰影處　　＊白色、淺色部位
　　　　　　　　　　　　　　　　　的陰影

Note

我們在剛剛的 step6 使用了【剪裁遮罩】，究竟遮罩是什麼？應該怎麼運用呢？這邊簡單為大家介紹「鎖定與遮罩」的功能。

鎖定與遮罩

點開圖層左側的選項，可以看到阿爾法鎖定、遮罩、剪裁遮罩。

❶ 阿爾法鎖定：開啟後只能在原本已經有圖案的範圍中繪圖。
❷ 遮罩：可以自訂遮罩的形狀、透明度。
❸ 剪裁遮罩：快速地以下方圖層為遮罩範圍。

以這隻黑白貓為例，使用遮罩功能來畫黑色毛髮，可以方便編輯黑毛的形狀。使用阿爾法鎖定，可以在白毛及黑毛範圍內增加陰影及修飾。
這幾個不同的遮罩功能沒有一定的使用方式，多嘗試不同的用法就可以知道在什麼情況下適用哪一種功能囉！也可以參考下方影片，有更詳盡的解說。

影片 QRcode：

完成！

Step 12

加強光線立體感後完成！

兒童全身比例

線稿

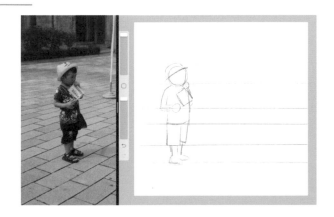

Step 1

兒童的身體比例與大人不同,通常頭跟身體會比較長、四隻比較短。

一樣可以用雙畫面畫出比例線。

完成!

Step 2 ＼1

畫上草稿。

Step 3 ＼6

描出清楚的線稿,兒童的比例完成!

示範 1

前面的練習的技巧以及人物比例都能掌握後,可以跟著以下的步驟一起挑戰看看喔!

Step 1

〖1〗

Step 2

〖6〗

Step 3

〖6〗

Step 4

〖6〗

Step 5

完成！

Step 7

Step 6

示範 2

Step 1

Step 2

Step 3

Step 4

Step 5

Step 6

Step 7

Step 8

Step 9

Step 10

完成！

示範 3

Step 1

Step 3

Step 2

示範 4

Step 1

Step 2

Step 3

示範 5

Step 1

Step 2

Step 3

在這一篇練習了人物骨架及很多不同姿勢的畫法，平常還是可以繼續畫簡化的火柴人或饅頭人，試著表現出更豐富的肢體語言喔！

Chapter 4
進階練習

Lesson 14

光影

為了使一幅畫更逼真、更豐富,以及提高人物
與背景的融合,我們接下來要練習光影的畫法。
這一課會有較多的圖層效果應用,
只要能好好掌握,畫光影一點都不難喔!

14-1

黑白素描與上色

參考照片

線稿

Step 1

先將參考圖片調成黑白，少了色彩後更好觀察光影變化。
拉成雙畫面之後，一邊對照一邊完成輪廓草稿。

上色

Step 2

上方新增圖層 2，從顏色深、範圍
較大的色塊開始畫。
首先完成黑色的頭髮。

Step 3

由上往下接續完成襯衫、裙子、襪
子、拖鞋等深色部分。

Step 4

再來用淺灰完成較
明顯的陰影色塊及
輪廓。如：額頭、
脖子、雙腳之間。
完成後就可以將圖
層 1 關閉，減少視
覺干擾。

Step 5

點選背景圖層，將背景
顏色換成中間調的米
色，方便繼續畫淺色的
部分。

Note

這個步驟也可以在一
開始就設定好。

細 節

Step 6

先將臉部完成，因為畫的是全身的圖，所以臉部細節不用畫太仔細。

放大圖

Step 7

接著完成衣服的皺摺、鈕扣。

放大圖

Step 8

最後完成手臂及腿的上色，黑白素描稿就完成了。

上色

Step 9

將參考圖片調回原本的彩色。圖層 2 上方新增圖層 3，將該圖層設定為【剪裁遮罩】，並選【顏色】效果。

Step 10

刷上臉部及髮絲顏色。

Step 11　　

完成衣服、書及手部的顏色。

Step 12

完成下半身上色。

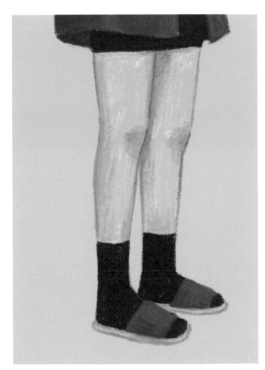

完成！

Step 13

將色彩圖層 3 及黑白稿圖層 2
合併，上方新增一個一般圖層
補上各部位的細節。
如果已經比較熟練則可以直接
畫在原本的圖層。
最後，可以在地上畫上影子，
讓人物有站在空間裡的感覺。

外加光影

線稿、上色

Step 1  \其他

對光影亮暗有一些概念後,接著來試
試完成底色再加上光影的畫法。
首先畫好一個人物頭像。

Note

這張我用了比較不一樣的筆刷,分
別是「小松」(線稿)與「朦朧」
(上色)。

細 節

Step 2

上方新增圖層，圖層效果選【加深顏色】，用「朦朧」筆刷畫出一
條一條百葉窗的影子，以及下巴和頭後方背光處的陰影。
再點選效果調整區的【調整】，選擇【高斯模糊】，並點【圖層】，
用筆按住畫布任一處左右拉動，稍微模糊邊緣。

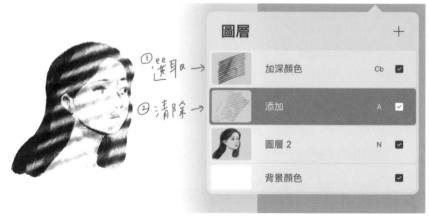

Step 3

接著下方新增一個圖層，效果選【添加】，並用橘黃色填滿整個人
像範圍。
回到【加深顏色】圖層，圖層設定點【選取】，接著再到剛剛的【添
加】圖層，設定【清除】，就會變成一條一條的百葉窗的光線。

完成！

Step 4

調整【添加】圖層透明度，直到
看起來自然為止，也可以用擦除
筆刷擦除多餘的光線。
這樣就快速完成一張站在百葉窗
前的肖像了。

14-3

外來光源練習

● 白天窗戶陽光

Step 1

練習過基本的外加光影後,這一章要示範的
是利用更多圖層效果製造出不同光源的光影
畫法。
可以自行先畫好一張底圖,或是使用示範的
底圖來練習。

底圖 QRcode:

Step 2

首先確認光線方向，白天的日光是從窗戶照進來的。

物件面向窗戶的一側是「受光處」，背對窗戶的一側就是「背光處」。

Step 3

底圖上方新增圖層2，選【加深顏色】效果，用不同深淺的灰色畫出陰影。因為太陽光很強烈，所以影子的顏色也不會太深，保持整個畫面還是明亮的狀態。

‧陰影畫在：

1. 物件背光處。
2. 物件與物件交接處，例如人與椅子中間、貓與桌子中間、盆栽與地板中間等。

Step 4

底圖上方新增圖層3，選【加亮顏色】效果，一樣用不同深淺的灰色將物品受光處的部分提亮。

Step 5　　　　　　　　　　　(5) ▬

上方新增圖層 4，選【色彩增值】
效果，在方才畫影子的地方刷上淡
淡的灰藍色，讓陰影呈現偏冷色調
的效果。

完成！

Step 6　　　(5) ▬

上方新增圖層 5，選【濾
色】效果，使用淺黃色在
受光處加強光線，跟上一
步驟的概念一樣，讓亮部
呈現偏暖色調的效果。

● 晚上頂燈上方光源

Step 1

選擇夜晚的底圖，上方新增圖層 2，用淺黃色在燈光位置塗滿，並確認光線方向。

底圖 QRcode：

Step 2

點選【調整】中的【高斯模糊】，並選【圖層】，將圖層 2 高斯模糊，接著將圖層效果改為【濾色】。

Step 3

下方新增圖層 3，選【線性加深】效果，使用淺灰色填滿畫布，將整體的明度降低。

Note

按住介面右上角的顏色向下拉到畫布，就可以把顏色填滿畫布囉！

Step 4　⑤━

將有照到光的部分用擦除筆刷輕輕地擦除。

Step 5　⑫━

上方新增圖層 4，選【加深顏色】效果，加強影子，尤其是物體的交接處，像人與沙發、貓與桌子、盆栽與地板等。

Step 6　⑫━

上方新增圖層 5，選【加亮顏色】效果，加強照到光的地方。

Step 7

上方新增圖層6，選【色彩增值】
效果，在影子的地方刷上淡淡的灰
藍色。

完成！

Step 8

上方新增圖層7，選【濾
色】效果，使用淺黃色加
強光線。

● 晚上立燈後方光源

Step 1

選擇夜晚底圖。上方新增圖層 2，用深黃色
在燈光位置塗滿，並確認光線方向。
這邊設定立燈的光線比頂燈昏暗一些，所以
用較深的黃色。

Step 2

點選【調整】中的【高斯模糊】，並選【圖
層】，將圖層 2 高斯模糊，並將圖層效果改
為【濾色】。

Step 3 \5 ▬

上方新增圖層 3，選【線性加深】
效果，使用淺灰色填滿畫布，將整
體的明度降低。

Step 4

將有照到光的部分用擦除筆刷輕輕擦除。這邊因為人物是背光的關係，只有輪廓邊緣的地方會比較亮。

Step 5

上方新增圖層4，選【加深顏色】，加強影子。如：沙發下方、桌子下方、盆栽旁邊的牆上等。

Step 6

上方新增圖層5，選【色彩增值】效果，在影子的地方刷上淡淡的灰藍色。

因為燈光昏暗的關係，這邊直接跳過加亮顏色的步驟。

完成！

Step 7　〔\5〕

上方新增圖層 7，選「濾色」，使用淺黃色加強光線。

比較一下三種光源的效果，底圖都是一樣的，只有光影圖層的畫法不同，一起來試試吧！

Lesson 15

質感練習

前面我們已經學會畫人物的全身了，
接下來我們要從服裝的細節下手，
試著用不同的筆刷、不同的畫圖步驟
來製造出各種質感，讓你的畫作更擬真！

15-1

服裝質感——
毛帽、牛仔褲、皮革包

Step 1 \6 ▬

完成人物線稿。
大家可以使用下方
QRcode 下載範例
線稿進行接下來的
練習，或是自己從
頭畫起更有挑戰
喔！

線稿 QRcode：

Step 2 \2 ▬▬ ▬ ▬

下方新增圖層 2，將臉部及頭髮上色。接著在
上方新增圖層 3 來畫毛帽。
毛帽的布料是有點厚度的，光影變化比較柔和，
色塊邊緣較模糊，可以用粗顆粒筆刷（葡萄藤
炭條、雜訊等）製造出表面毛毛的質感。
除了使用這邊示範的顏色外，大家也可以試試
看用喜歡的色彩來做搭配。

Step 3

上方新增圖層 4，選【加深顏色】
效果，畫出一條一條的毛線條紋。
上方再新增圖層 5 並選【加亮顏
色】效果，在深色條紋的兩邊稍微
加一點點亮面，加強立體感。
完成後將圖層 3、4、5 合併。

Step 4

接著我們要讓毛帽的表面顆粒更粗。點
選【調整】中的【雜訊】功能，選擇【山
脊】，並將【湍流】調到 70%。接著
將筆按住畫布中隨便一處，左右拉動到
合適的顆粒程度。毛帽完成。

Step 5

畫牛仔褲時，可以使用鉛筆筆刷大
範圍塗上顏色，刷白處只要輕輕畫
過做出留白效果。
最後再將塗出去的顏色擦除。

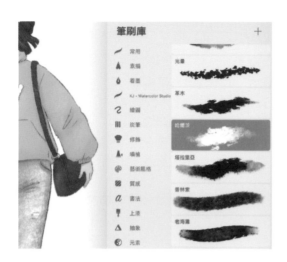

完成！

Step 6

\其他 ▬▬

畫皮革包包時，可以運用筆刷效果
做出皮革表面顏色不均勻的質感。
這邊我用的是「哈爾茨」，大家也
可以多嘗試其他筆刷的效果喔！

服裝質感——
絲質襯衫、漆皮鞋

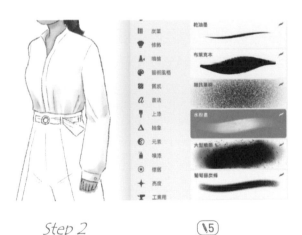

Step 1

完成人物線稿。

線稿 QRcode：

Step 2 ⑤

襯衫是比較薄透的布料，可以用較透明的筆刷（如：水粉畫）輕輕疊出陰影。

色塊邊緣稍微用塗抹筆刷抹開，不過不用抹得太糊，留下多一點皺折。

181

Step 3

漆皮材質的鞋子可以直接點出白色
高光，呈現出光滑的亮面質感。

完成！

善用筆刷做出不同質感

這九個袋子都使用了同樣的底色、同樣的筆刷顏色,只是換了不同的筆刷,就做出了很不一樣的效果。大家來試試看吧!上面使用的筆刷分別為:

非色涅	雜訊筆刷	千層樹
考伯海德	光暈	小數點
燒焦樹木	普林索	火柴人

Lesson 16

背景與上色

人物完成之後，最後只要加上簡單的背景
就是一幅完整的圖畫了！
這一課會簡單介紹畫背景的方式，以及不同的上色技巧。

16-1

簡單背景與
厚塗上色

線稿

Step 1

這是一個坐在箱子上的人,先畫出
人物骨架及箱子的草稿。

Step 2

上方新增圖層 2,描出更清楚的人
物細節,地上的花可以隨興地畫一
下範圍就好。

185

上色

Step 3

點選背景圖層換色，並分別將各部位上色。

Note

大家可以養成每個顏色都分一個圖層的習慣，並按照物品的前後順序來排圖層順序，以利後續畫細節。

細節

Step 4 （＼其他）

將 Step 3 每個底色圖層都設定【阿爾法鎖定】或使用【剪裁遮罩】功能（可以回 P.145 複習鎖定與遮罩），並將剛剛各個用色調深來畫暗部及皺折，調淺來畫亮部細節。這邊使用的是 Flat Marker 筆刷。

Step 5

為了讓作品看起來更細緻，最後用前面練習過的外加光影畫法，來為作品做最後的修飾。
將先前上色的圖層全部合併之後，上方新增多個圖層。

接下來選取上色圖層範圍，將新增的圖層設定為【遮罩】，並分別選【濾色】、【色彩增值】、【加亮顏色】、【加深顏色】效果，並按照 Lesson14 教的方式來為作品加光影。

背景與底色圖層中間也新增兩個圖層，選【濾色】及【加深顏色】效果，分別用來畫光線及影子。

完成！

16-2

水彩上色效果

參考照片

線 稿
––––––––

Step 1　　　Ⅵ

先畫好人物草稿。
畫面中有多於一個人時,要注意人
物之間的大小是否一致。

線稿

Step 2

新增圖層 2，描好更清楚的線稿，畫出五官、頭髮及服飾細節。關閉圖層 1。

Step 3

可以在上方新增圖層 3，框出臉部、手腳的輪廓，確認一下兩個人各部位大小是否接近。確認比例後就可以關閉圖層 3。

上色

Step 4

將圖層 2 線稿透明度調低，下方新增圖層 4，在同一圖層畫上各部位的底色。

Step 5

在同一圖層繼續畫出第一層亮暗及五官等細節。

完成！

Step 6

用深顏色加強輪廓線、五官及
服飾細節，畫出背景的磁磚線
條以及反光，完成！

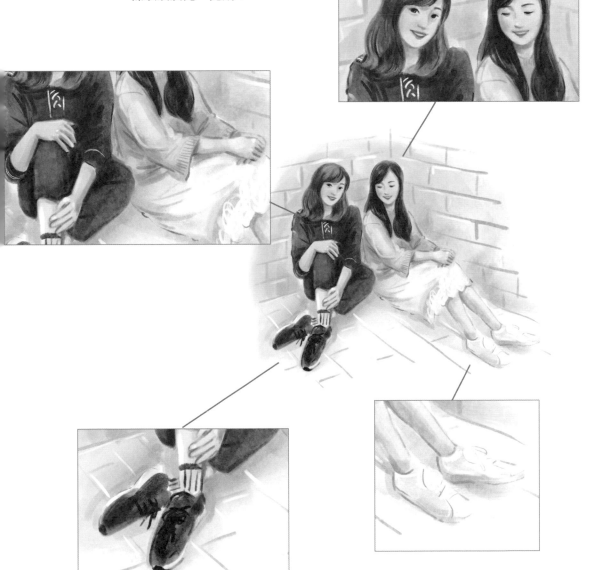

描圖練習

參考照片

如果對複雜背景的畫法還不太有信心，可以先把圖匯入 Procreate，用描圖的方式來練習也是沒問題的。

Note

圖片匯入方式：進到 Procreate 之後，點選右上【照片】或【匯入】，即可匯入 iPad 裡的照片或檔案。

線 稿

Step 1　　　　　⑥ ━━

將圖片匯入 Procreate 後，調低透明度，
並在上方新增圖層 2 描出背景及人物大致
的輪廓。

Step 2

在描的時候，可以適當地省略背景
細節，像是建築物的窗戶就不一定
要描出來。

畫好之後，關閉照片圖層，調整一
下線稿的比例，像這張人物下方多
一點留白會更協調。

Note

選取【操作】→【畫布】→【裁
切與重新調整大小】，即可以
調整畫布尺寸。

Step 3　　　　　　　　　　　　　　（ㄟ3、5）

試著調出照片中的顏色，或直接吸取照片顏色來上色。

不過照片的飽和度通常都較低，記得吸取顏色後要調飽和一些，畫
起來才不會灰灰暗暗的。

畫物件的步驟與畫人物一樣是先畫底色→加上修飾細節→加強亮暗。

物件順序也是從最後方畫到最前方：天空→建築物→樹→草地。

Step 4 \\3、5

完成人物。

Note

人物的畫法如果忘記的話，可以回
到 Chapter2 及 Chapter3 複習喔！

完成！

Step 5   2、5

利用我們在 Lesson14 學到的光影圖層技巧，加上人物的光影，讓人物與背景融合在一起就完成了！

不論是 Procreate 或其他的電繪軟體，
都有豐富的圖層屬性功能可以使用，多多嘗試不同的屬性並熟悉它們，
對於加快畫圖速度有很大的幫助唷！

Chapter 5

示 範

最後收錄的是一些作品的簡單拆解步驟，

大家可以掃描圖片旁邊的 QRcode，

一邊觀看創作過程的側錄影片，一邊自己挑戰看看喔！

影片網址

https://youtu.be/TLamsGH_j7c

影片網址
https://youtu.be/JJBtna_bwfo

影片網址
https://youtu.be/yDQDLNg_XRM

https://youtu.be/8vLWK_crPjl

畫出暖心手感 ∵ 我的第一堂 iPad 人物電繪課 ∵

作者　　　張元綺
責任編輯　李彥柔
行銷企劃　辛政遠、楊惠潔
封面設計　任宥騰
內頁排版　江麗姿

總編輯　　姚蜀芸
副社長　　黃錫鉉
總經理　　吳濱伶
發行人　　何飛鵬
出版　　　創意市集
發行　　　英屬蓋曼群島商家庭傳媒股份有限公司
　　　　　城邦分公司
　　　　　歡迎光臨城邦讀書花園
　　　　　網址：www.cite.com.tw

香港發行所 城邦（香港）出版集團有限公司
　　　　　香港灣仔駱克道 193 號東超商業中心
　　　　　1 樓
　　　　　電話：(852) 25086231
　　　　　傳真：(852) 25789337
　　　　　E-mail：hkcite@biznetvigator.com

馬新發行所 城邦（馬新）出版集團
　　　　　Cite (M) SdnBhd 41, JalanRadinAnum,
　　　　　Bandar Baru Sri Petaling, 57000 Kuala
　　　　　Lumpur,Malaysia.
　　　　　電話：(603)90563833
　　　　　傳真：(603) 90576622
　　　　　E-mail：services@cite.my

展售門市　台北市民生東路二段 141 號 7 樓
製版印刷　凱林彩印股份有限公司
初版 8 刷　2024 年 5 月
ISBN　　　978-986-5534-41-7
定價　　　450 元

若書籍外觀有破損、缺頁、裝訂錯誤等不完整現象，想要換書、退書，或您有大量購書的需求服務，都請與客服中心聯繫。

客戶服務中心
地址：10483 台北市中山區民生東路二段 141 號 B1
服務電話：（02）2500-7718、（02）2500-7719
服務時間：週一至週五 9：30 ～ 18：00
24 小時傳真專線：（02）2500-1990 ～ 3
E-mail：service@readingclub.com.tw

國家圖書館出版品預行編目資料

《畫出暖心手感：我的第一堂 iPad 人物電繪課》/
張元綺作 . -- 初版 . -- 臺北市：創意市集出版：英屬
蓋曼群島商家庭傳媒股份有限公司城邦分公司發行，
2021.07
面；　公分

　ISBN　978-986-5534-41-7(平裝)
　1. 電腦繪圖 2. 人物畫 3. 繪畫技法

312.86　　　　　　　　　　　　　　　　110001922